Josefa Castillo
Erica Coronado
Carlos Jacomino

FUNDAMENTOS DA RESILIÊNCIA

Josefa Castillo
Erica Coronado
Carlos Jacomino

FUNDAMENTOS DA RESILIÊNCIA

HISTÓRIAS OCULTAS DO AÇO E DA PEDRA NA ENGENHARIA CIVIL

ScienciaScripts

Imprint

Cover image: www.ingimage.com

This book is a translation from the original published under ISBN 978-613-9-40001-0.

Publisher:
Sciencia Scripts
is a trademark of
Dodo Books Indian Ocean Ltd. and OmniScriptum S.R.L publishing group

120 High Road, East Finchley, London, N2 9ED, United Kingdom
Str. Armeneasca 28/1, office 1, Chisinau MD-2012, Republic of Moldova, Europe
Managing Directors: Ieva Konstantinova, Victoria Ursu
info@omniscriptum.com

Printed at: see last page
ISBN: 978-620-8-38168-4

Para o leitor:

Este livro leva-o numa aventura fascinante através das obras mais emblemáticas da engenharia civil. Aqui conhecerá as histórias ocultas de estruturas que desafiaram o tempo, desde as antigas pirâmides do Egito até aos aquedutos romanos. Cada capítulo explora um aspeto fundamental: desde os materiais e técnicas mais antigos, passando pelos monumentos mais duradouros, até aos princípios que ainda inspiram a engenharia moderna.

Prepare-se para descobrir como estas maravilhas foram construídas com uma mistura de ciência, criatividade e uma vontade imparável de transcender. "Foundations of Resilience" conta-lhe não só a história destas estruturas, mas também do engenho e esforço humanos que as tornaram possíveis. Atreva-se a explorar o legado que nos liga ao passado e nos inspira para o futuro!

Índice

Introdução

Há mais de 400.000 anos, num recanto perdido no tempo, os primeiros seres humanos começaram a construir abrigos, marcando o início de uma extraordinária viagem arquitetónica. Este percurso intensificou-se há 12.000 anos com a transição para o sedentarismo, altura em que o Homem começou a erguer habitações permanentes e a formar as primeiras povoações. Surgem as primeiras cidades com ruas, sistemas de drenagem e espaços públicos, reflectindo a complexidade de uma sociedade em crescimento e o seu desejo de deixar a sua marca.

Cada colapso estrutural foi uma lição que suscitou novas técnicas, desde a transição da madeira para a pedra até à utilização de ferramentas precisas. Estes avanços foram a base de construções que não só desafiaram o tempo, como também simbolizaram a identidade colectiva dos seus criadores. Assim, em cada pedra e em cada estrutura, descobrimos como a ânsia humana de transcender moldou o nosso mundo e nos liga profundamente às raízes da nossa história comum.

CAPÍTULO I:
Nacimiento
DE LA
Ingeniería
Civil

Evolução das construções humanas primitivas

Há mais de 400 000 anos, os nossos antepassados deram os primeiros passos no que viria a ser um dos feitos mais significativos da humanidade: a construção de abrigos (Ballantyne, 2019). Começando com estruturas simples de ramos e peles, estes primeiros construtores lançaram as bases do que viria a ser a engenharia civil moderna. Este processo não foi apenas um ato de sobrevivência, mas um testemunho do engenho humano e da capacidade de adaptação a um ambiente em mudança. As grutas naturais serviram como os primeiros laboratórios da construção humana. Segundo Moropoulou (2020), nestes espaços, os nossos antepassados aprenderam os princípios fundamentais da proteção contra os elementos, da ventilação e da gestão do espaço. As modificações que introduziram nestas cavernas naturais - ampliações, divisões do espaço e criação de áreas específicas para diferentes actividades - representaram os primeiros exercícios de conceção arquitetónica. Esta utilização engenhosa do espaço não só proporcionava abrigo, como também permitia o desenvolvimento de actividades sociais e culturais no interior destes ambientes protegidos.

O verdadeiro salto quântico na construção ocorreu com a transição do nomadismo para o sedentarismo, há cerca de 12 000 anos (Smith, 2019). Esta transformação fundamental no modo de vida humano catalisou a necessidade de estruturas permanentes. A agricultura surgiu como uma fonte vital de sustento, levando as comunidades a estabelecerem-se num local fixo. As primeiras habitações inteiramente construídas pelo homem surgiram sob a forma de cabanas circulares semi-enterradas, utilizando materiais locais como a madeira, o colmo e a lama. Estas cabanas não só serviam de abrigo, como também eram adaptáveis às mudanças de estação e às condições climatéricas. As povoações de Çatalhöyük, na atual Turquia (7500 a.C.), representam um dos exemplos mais antigos e mais bem preservados desta evolução (Hodder, 2020). De acordo com o Projeto de Investigação Çatalhöyük (2022), estas construções revelavam já uma sofisticada compreensão da organização espacial e a utilização de materiais compósitos, como o adobe e a técnica tapial. A densa disposição das habitações e dos espaços comuns revela um planeamento consciente que incentivava as interações sociais e o comércio entre os habitantes.

Com o crescimento das povoações, surgiu a necessidade de planeamento. Lendering (2021) identifica que as primeiras cidades da Mesopotâmia introduziram conceitos revolucionários como ruas planeadas, sistemas de drenagem, espaços públicos definidos e hierarquia de edifícios. Uruk, considerada a primeira mega-cidade da história (4500 a.C.), demonstrou como a evolução da construção andou a par da organização social (Fagan, 2021). As suas imponentes muralhas e templos não só serviam objectivos funcionais, como também representavam os primeiros exemplos de construção monumental. Estas estruturas reflectiam não só o poder político e religioso, mas também um sentido coletivo de identidade entre os seus habitantes.

O processo de evolução construtiva não foi isento de fracassos. Menon e Radhakrishnan (2022) salientam que cada colapso estrutural, cada defeito nos materiais e cada problema de drenagem se tornaram numa lição vital. Os construtores antigos desenvolveram um método empírico baseado na tentativa e erro que, embora lento, se revelou tremendamente eficaz. Esta abordagem permitiu que as civilizações aprendessem sobre as propriedades físicas e mecânicas dos materiais disponíveis. Um exemplo notável é a evolução das técnicas de construção no antigo Egito. Kostof (2023) descreve como as primeiras pirâmides, como a pirâmide de degraus de Djoser (2650 a.C.), mostram provas claras de ajustamentos e correcções ao seu desenho, produto da aprendizagem acumulada em construções anteriores. A constante adaptação ao longo do tempo permitiu não só melhorias na qualidade estrutural, mas também inovações nas técnicas arquitectónicas.

Nuttgens (2021) salienta que muitos dos princípios básicos descobertos nessa altura ainda são relevantes hoje em dia. Estes incluem a importância de uma fundação sólida para garantir a estabilidade estrutural; a necessidade de ventilação adequada para manter condições internas saudáveis; a gestão correta das cargas e a distribuição das forças para evitar o colapso; e a seleção adequada dos materiais de acordo com o clima para garantir a durabilidade e o conforto. Este conhecimento, adquirido ao longo de milénios de experimentação e inovação, é a base sobre a qual foi construída toda a construção moderna de engenharia civil.

A revolução dos materiais: da madeira à pedra

A transição histórica do uso da madeira para a pedra representa um dos desenvolvimentos mais significativos na história da construção, marcando uma mudança radical nas técnicas de construção e na durabilidade e alcance das estruturas humanas. Este processo não só transformou a forma como os espaços habitacionais eram construídos, mas também teve profundas repercussões sociais, económicas e culturais. Durante as primeiras fases da construção humana, a madeira dominou o panorama da construção por razões fundamentais. A sua fácil disponibilidade na maioria das regiões, a sua simplicidade de transformação e manuseamento, o seu peso relativamente leve para o transporte e a sua versatilidade de aplicações fizeram dela um material preferido. As comunidades pré-históricas utilizavam a madeira para construir abrigos, ferramentas e mobiliário, tirando partido das suas propriedades naturais. No entanto, apesar das suas vantagens, a madeira apresentava limitações significativas. A sua vulnerabilidade ao fogo, a deterioração devido à exposição a elementos naturais, como a humidade e os insectos, e a sua capacidade limitada para suportar grandes alturas ou vãos estruturais tornavam a sua utilização insustentável a longo prazo.

A fase de transição para a utilização da pedra caracterizou-se por uma abordagem híbrida que combinava madeira e pedra. Durante este período, as fundações de pedra começaram a proporcionar uma maior estabilidade estrutural, uma melhor proteção contra a humidade do solo e um aumento da durabilidade geral dos edifícios. Os sistemas mistos incluíam paredes de pedra com telhados de madeira, colunas de pedra com vigas de madeira e o desenvolvimento de técnicas de ancoragem entre estes materiais díspares. Esta combinação permitiu aos construtores tirar partido do melhor de dois mundos: a resistência e a durabilidade da pedra juntamente com a leveza e a facilidade de manuseamento da madeira.

A transição final para a construção em pedra marcou um ponto de viragem na arquitetura antiga. Os avanços técnicos durante este período incluíram o desenvolvimento de técnicas sofisticadas de cantaria, inovações nos sistemas de elevação e transporte, bem como a criação de novas ferramentas especializadas. A evolução das técnicas de colagem e de argamassa também foi crucial; os construtores começaram a experimentar diferentes tipos de argamassa que melhoravam a coesão entre as pedras. As vantagens estruturais da utilização exclusiva da pedra eram evidentes: uma maior capacidade de carga, uma melhor resistência ao fogo e uma durabilidade superior permitiam a construção de estruturas mais altas e mais complexas.

Esta mudança teve profundas implicações sociais. O aumento da complexidade das construções levou ao aparecimento de corporações especializadas de pedreiros que dominavam a arte da cantaria. Estas corporações não só se ocuparam dos aspectos técnicos, como também desenvolveram sistemas de organização do trabalho mais complexos. A necessidade de medir com precisão e de planear o espaço levou a desenvolvimentos significativos na matemática e na geometria aplicada, que permitiram aos arquitectos conceber edifícios mais ambiciosos. Além disso, as alterações nos métodos de construção tiveram um impacto direto no planeamento urbano e na conceção arquitetónica. As cidades começaram a estruturar-se em torno de monumentos permanentes, reflectindo não só o poder político, mas também um sentido coletivo de identidade cultural. As grandes obras de arquitetura tornaram-se símbolos duradouros do engenho humano.

As inovações técnicas daí resultantes foram numerosas e abrangeram diferentes aspectos do processo de construção. Nas técnicas de corte e acabamento, foram desenvolvidas ferramentas especializadas que permitiram um trabalho mais preciso com a pedra. Os métodos de extração evoluíram para maximizar a eficiência e minimizar os desperdícios. Os sistemas de polimento e acabamento também melhoraram significativamente, permitindo acabamentos mais finos que melhoraram a estética final do produto. Os sistemas de ligação evoluíram, passando a incluir o aparelhamento sem argamassa, bem como o desenvolvimento avançado de argamassas e ligantes que aumentavam a coesão entre as pedras. As técnicas mecânicas de transporte e assentamento foram revolucionadas pela utilização de roldanas e alavancas, rampas inclinadas e andaimes temporários que facilitavam o trabalho em altura.

Esta revolução nos materiais lançou as bases para o desenvolvimento subsequente tanto da arquitetura como da engenharia civil, deixando um legado que continua a influenciar as práticas de construção modernas. A transição da utilização predominante da madeira para a pedra não só transformou a forma como construímos, como também alterou a nossa conceção de permanência e monumentalidade na arquitetura. O impacto tangível desta mudança pode ser visto nas estruturas antigas que sobreviveram até aos dias de hoje. Dos templos gregos às catedrais medievais, estes edifícios não são apenas testemunhos do engenho humano, mas também exemplos claros do impacto fundamental que esta revolução material teve no desenvolvimento civilizacional.

Desenvolvimento de ferramentas e técnicas fundamentais

As primeiras manifestações da engenharia civil surgiram da necessidade do homem de modificar o seu ambiente para sobreviver e prosperar. Esta evolução começou com ferramentas rudimentares que evoluíram gradualmente para instrumentos mais sofisticados e precisos. Nos primórdios da civilização, as cordas graduadas tornaram-se os primeiros instrumentos de medição de precisão. Os egípcios, confrontados com o desafio anual de restabelecer as fronteiras terrestres após as cheias do Nilo, desenvolveram um sistema de medição baseado no côvado real, uma unidade normalizada que lhes permitia atingir níveis de precisão surpreendentes nas suas construções. A Grande Pirâmide de Gizé, com um desvio de menos de 1 grau nos ângulos da sua base, testemunha a eficácia destes métodos.

Os prumos, aparentemente simples mas incrivelmente eficazes, revolucionaram a construção vertical. Este instrumento, constituído por um peso preso a uma corda, aproveitava a gravidade para fornecer uma linha perfeitamente vertical, revelando-se essencial na construção de estruturas altas e no controlo da verticalidade de paredes e colunas. A transição da Idade do Bronze para a Idade do Ferro marcou um ponto de viragem no desenvolvimento dos instrumentos de construção. As limitações de durabilidade e resistência das ferramentas de bronze foram ultrapassadas pelas novas ferramentas de ferro, permitindo trabalhar materiais mais duros com maior precisão. Os cinzéis diversificaram-se de acordo com a sua função: pontiagudos para o trabalho inicial, planos para o acabamento e serrilhados para texturas específicas.

Em termos de técnicas de construção, a evolução foi gradual mas constante. Os antigos construtores desenvolveram métodos sofisticados para as fundações, começando por uma observação cuidadosa do terreno. As civilizações mesopotâmicas, por exemplo, desenvolveram técnicas avançadas para construir em terrenos pantanosos, utilizando esteiras de junco entrelaçadas e camadas alternadas de tijolos para criar fundações estáveis, uma técnica fundamental para a construção dos seus imponentes zigurates. Os romanos marcaram um ponto de viragem com o desenvolvimento do opus caementicium, a sua versão do betão. Esta inovação permitiu a construção de estruturas maiores e mais complexas, sendo o Panteão de Roma, com a sua impressionante cúpula de 43,3 metros, o exemplo mais notável do seu potencial construtivo.

Figura 1
Imagem: Esta é a opus caementicium

Fonte: Shutterstock

Figura 2
Imagem do Panteão em Roma

Fonte: História da National Geographic

O transporte de materiais pesados representava um dos maiores desafios. Os egípcios desenvolveram sistemas engenhosos para mover blocos de pedra de várias toneladas utilizando trenós de madeira sobre areia molhada para reduzir o atrito. Entretanto, os gregos e os romanos aperfeiçoaram os sistemas de roldanas, desenvolvendo gruas como a "Trispastos", que reduziam em um terço o esforço necessário para levantar pesos. A organização do trabalho também sofreu uma evolução significativa. Foram estabelecidas hierarquias claras de trabalho, com os mestres artesãos a supervisionar os aprendizes e os trabalhadores. Esta estrutura permitiu a especialização e a transmissão efectiva de conhecimentos, contribuindo para a melhoria contínua das técnicas de construção.

Os sistemas de drenagem e de gestão da água foram outro domínio crucial de inovação. Os construtores antigos desenvolveram sofisticados sistemas de canais, aquedutos e esgotos. Os romanos, em particular, destacaram-se neste domínio, criando redes de aquedutos que ainda hoje surpreendem pela sua engenharia e durabilidade. A documentação e a transmissão dos conhecimentos sobre a construção também desempenharam um papel fundamental. Embora inicialmente os conhecimentos fossem transmitidos principalmente de forma oral e prática, os primeiros tratados e manuais sobre construção foram surgindo gradualmente. Vitrúvio, com os seus "Dez Livros de Arquitetura", fornece um dos testemunhos mais completos sobre as técnicas de construção da Antiguidade.

Estas inovações técnicas e metodológicas lançaram as bases da engenharia civil moderna. A precisão nas medições, a eficiência no transporte de materiais, a organização do trabalho e a documentação do conhecimento foram elementos cruciais que permitiram o desenvolvimento de projectos cada vez mais ambiciosos e complexos. A importância destas ferramentas e técnicas fundamentais reside não só na sua utilidade prática imediata, mas também na forma como transformaram a maneira como os seres humanos concebiam e executavam os seus projectos de construção.

Cada inovação abriu novas possibilidades e colocou novos desafios, impulsionando um ciclo contínuo de melhoria e desenvolvimento que continua até aos dias de hoje. Por exemplo, a utilização do ferro não só melhorou as ferramentas utilizadas na construção, como também facilitou os avanços noutras áreas, como a agricultura e a metalurgia. As ferramentas metálicas permitiram às sociedades antigas expandir as suas capacidades produtivas e melhorar a sua qualidade de vida.

Sistemas de medição e conceção precoces

A história da engenharia civil está intrinsecamente ligada ao desenvolvimento dos sistemas de medição e de projeto, elementos fundamentais que permitiram às civilizações construir infra-estruturas complexas e funcionais. Desde a pré-história, o ser humano sentiu a necessidade de medir para satisfazer as suas necessidades básicas, como a construção de abrigos, a caça e a agricultura. As primeiras unidades de medida eram informais e baseavam-se em partes do corpo humano, como o pé ou o cotovelo. No entanto, estas medidas eram muito subjectivas e variavam de indivíduo para indivíduo, o que gerava confusão nas actividades comerciais e de construção.

Com o avanço das civilizações, foram criados sistemas de medição mais organizados. No Egito, por exemplo, o "côvado real" foi utilizado como unidade padrão para a construção de monumentos, incluindo as pirâmides. Este sistema representou um avanço significativo em relação às medições informais anteriores, embora continuasse a ter limitações em termos de exatidão e normalização. Os babilónios introduziram um sistema sexagesimal (base 60), que ainda hoje influencia a forma como medimos o tempo e os ângulos; por exemplo, 60 segundos num minuto e 360 graus num círculo. Os gregos também deram importantes contributos para o desenvolvimento da geometria, lançando as bases para o design arquitetónico moderno. Os romanos, por sua vez, desenvolveram um sistema mais estruturado que incluía unidades como a milha romana e o pé romano. A sua abordagem prática da construção levou à criação de infra-estruturas duradouras, como aquedutos e estradas. A engenharia romana era notável não só pela sua escala, mas também pela sua atenção ao pormenor no planeamento e na execução, o que exigia medidas precisas para garantir a estabilidade e a funcionalidade das suas obras.

Um marco crucial na história da medição foi a Revolução Francesa, que levou à criação do sistema métrico decimal em 1795. Este sistema foi concebido para ser lógico e universal, baseado em unidades que podiam ser reproduzidas com exatidão. O metro foi inicialmente definido como uma fração do meridiano terrestre, fornecendo uma base científica para a sua utilização. A estrutura decimal do sistema métrico facilitou muito o trabalho dos engenheiros civis, permitindo cálculos mais exactos e normalizados. O sistema métrico caracteriza-se pela sua organização decimal, o que significa que as unidades estão dispostas em potências de dez. Isto simplificou as conversões entre diferentes quantidades; por exemplo: 1 quilómetro (km) = 1.000 metros (m), 1 hectare (ha) = 10.000 metros quadrados (m^2) e 1 litro (L) = 1.000 mililitros (mL). Esta lógica decimal não só facilitou o trabalho quotidiano dos engenheiros, como também melhorou a comunicação entre profissionais de diferentes regiões.

O Sistema Internacional de Unidades (SI), formalizado em 1960 e revisto mais recentemente em 2019, representa um avanço significativo na normalização global das medições. Nesta revisão, todas as unidades do SI foram redefinidas a partir de constantes fundamentais da natureza, eliminando qualquer dependência de artefactos materiais específicos. O "SI" baseia-se em sete unidades fundamentais: metro (m) para comprimento, quilograma (kg) para massa, segundo (s) para tempo, ampere (A) para corrente eléctrica, kelvin (K) para temperatura, mol (mol) para quantidade de substância e candela (cd) para intensidade luminosa. Estas unidades permitem uma vasta gama de aplicações em engenharia civil, desde o projeto estrutural à análise térmica e ambiental.

A implementação do sistema métrico e, mais tarde, do sistema "SI" transformou a forma como os projectos de engenharia civil são realizados. Atualmente, as especificações técnicas exigem que todos os documentos, desde desenhos a relatórios técnicos, utilizem exclusivamente unidades métricas. Isto não só melhora a clareza, como também reduz significativamente os erros resultantes de conversões incorrectas entre sistemas. A normalização também levou à criação de normas internacionais que regem vários aspectos do projeto e da construção. Organizações como a ISO (Organização Internacional de Normalização) desenvolveram normas que garantem a qualidade e a segurança dos projectos a nível mundial. Estas normas vão desde os materiais aos procedimentos de construção, garantindo que todos os engenheiros trabalham segundo critérios comuns.

Para além disso, a utilização única do SI permite uma melhor integração tecnológica. Com o aumento do software avançado utilizado no projeto assistido por computador (CAD) e na modelação da informação da construção (BIM), os engenheiros podem trabalhar com um conjunto consistente de unidades reconhecidas internacionalmente. Isto optimiza não só o processo de conceção estrutural, mas também o planeamento logístico e a gestão do ciclo de vida do projeto.

Apesar dos benefícios óbvios da SI, muitos países enfrentam ainda desafios na sua plena aplicação. Nalgumas regiões, persistem práticas baseadas em sistemas tradicionais ou locais que podem impedir a sua plena adoção. A resistência cultural à mudança é um dos principais obstáculos; muitos profissionais estão habituados a trabalhar com sistemas imperiais ou locais e podem ter relutância em mudar devido à curva de aprendizagem associada a novas unidades e métodos. Nos Estados Unidos, por exemplo, embora a utilização do sistema métrico tenha sido promovida durante décadas, muitas indústrias continuam a utilizar medidas imperiais devido às suas raízes culturais e históricas. Este facto cria complicações quando se trabalha com parceiros internacionais ou quando se importam/exportam produtos.

O futuro da engenharia civil dependerá cada vez mais da integração efectiva dos SI com as tecnologias emergentes, como a inteligência artificial (IA), a análise preditiva e a construção automatizada utilizando técnicas como a impressão 3D. Estas inovações não só aumentarão a eficiência, como também permitirão uma abordagem mais sustentável do desenvolvimento urbano. Por exemplo, a utilização de sensores inteligentes pode fornecer dados em tempo real sobre o estado estrutural de um edifício ou ponte, permitindo intervenções proactivas antes da ocorrência de falhas significativas.

Princípios universais de construção que perduram

A engenharia civil tem sido um pilar fundamental no desenvolvimento das sociedades humanas e, ao longo da sua rica história, tem sido orientada por um conjunto de princípios universais que perduraram e evoluíram ao longo do tempo. Estes princípios não só reflectem a experiência acumulada de civilizações passadas, como também respondem às necessidades humanas e aos desafios do ambiente construído. Segue-se uma análise destes princípios fundamentais que continuam a influenciar as práticas de construção modernas.

O princípio da utilidade é essencial na construção, uma vez que afirma que cada estrutura deve ser adequada ao objetivo para o qual foi concebida. Desde as habitações mais antigas até aos complexos arquitectónicos contemporâneos, a funcionalidade tem sido um critério fundamental na conceção. Isto envolve não só a disposição eficiente dos espaços, mas também a acessibilidade e a facilidade de utilização. A conceção funcional considera a forma como os ocupantes interagem com o espaço, assegurando que cada área cumpre o seu objetivo específico. Por exemplo, em edifícios públicos, como escolas e hospitais, a organização do espaço pode influenciar diretamente a eficiência do serviço e a experiência do utilizador. A funcionalidade também se estende à adaptabilidade dos espaços. À medida que as necessidades das comunidades mudam, as estruturas devem ser capazes de se ajustar a novas utilizações sem exigir uma renovação completa. Esta abordagem flexível não só maximiza o valor do espaço construído, como também contribui para uma gestão mais eficiente dos recursos.

A sustentabilidade surgiu como um princípio fundamental na construção moderna, especialmente em resposta aos actuais desafios ambientais. Este conceito implica projetar e construir de forma a minimizar o impacto ambiental e maximizar a eficiência dos recursos. A construção sustentável procura não só reduzir o consumo de energia durante o funcionamento do edifício, mas também considerar o ciclo de vida completo dos materiais utilizados. A implementação de tecnologias como painéis solares, sistemas de recolha de águas pluviais e materiais recicláveis são exemplos claros de como este princípio é aplicado na prática contemporânea. Além disso, a eficiência energética não só reduz os custos de funcionamento a longo prazo, como também contribui para um ambiente mais saudável para os ocupantes e para o planeta.

A durabilidade é outro princípio fundamental que se refere à capacidade de uma estrutura para suportar as forças do tempo e as condições ambientais adversas. Desde as antigas pirâmides egípcias até aos modernos arranha-céus, a resistência tem sido um fator determinante na conceção arquitetónica. As estruturas devem ser capazes de suportar cargas estáticas e dinâmicas, bem como resistir a catástrofes naturais, como terramotos e inundações. Este princípio garante não só a segurança dos ocupantes, mas também minimiza os custos associados às reparações e à manutenção ao longo do tempo. A escolha correta dos materiais e das técnicas de construção é crucial para garantir a longevidade de qualquer edifício. Por exemplo, a utilização de betão armado ou de aço estrutural pode aumentar significativamente a resistência e a durabilidade de uma estrutura.

A adaptabilidade é um princípio essencial na construção contemporânea. À medida que as sociedades evoluem, o mesmo acontece com as suas necessidades funcionais. Conceber edifícios com flexibilidade permite-lhes ser utilizados para diferentes fins ao longo do tempo, sem necessidade de uma remodelação completa. Por exemplo, um espaço inicialmente concebido como um escritório pode ser facilmente transformado numa área residencial ou comercial, se for devidamente planeado desde o início. Esta capacidade de adaptação a mudanças futuras não só maximiza o valor do espaço construído, como também contribui para uma gestão mais eficiente dos recursos. A implementação de espaços modulares ou de sistemas móveis nos edifícios pode facilitar esta flexibilidade.

A estética é um aspeto fundamental da construção que deve ser levado a sério. As estruturas devem integrar-se harmoniosamente na sua envolvente cultural e natural. Este princípio envolve não só a forma e o estilo arquitectónicos, mas também a forma como estes elementos respondem ao contexto histórico e social do local onde se situam. A arquitetura deve refletir a identidade cultural de uma comunidade e contribuir para a paisagem urbana sem entrar em conflito com ela. Os edifícios emblemáticos, como museus ou bibliotecas, podem tornar-se símbolos culturais que enriquecem a sua envolvente e inspiram as gerações futuras.

A inovação tem sido um fator chave no desenvolvimento de novos métodos e materiais de construção ao longo da história. Desde a invenção do betão até à utilização atual de tecnologias avançadas como o BIM (Building Information Modelling) e a impressão 3D, cada avanço técnico conduziu a uma maior eficiência, precisão e sustentabilidade nos projectos de construção. A adoção de novas tecnologias não só optimiza os processos de construção, como também abre novas possibilidades criativas para arquitectos e engenheiros. Por exemplo, a utilização de software avançado permite simulações precisas que ajudam a prever problemas antes do início efetivo da construção.

Por último, outro princípio fundamental é a importância da documentação correta e da conformidade regulamentar em todos os aspectos do processo de construção. As normas estabelecem padrões mínimos para garantir a segurança estrutural, a funcionalidade e a sustentabilidade dos edifícios. Uma documentação clara permite uma melhor comunicação entre todos os intervenientes num projeto - desde arquitectos a empreiteiros - garantindo que todos trabalham para o mesmo objetivo comum.

Os princípios universais de construção que perduram são mais do que meras diretrizes; são fundamentos essenciais que guiaram as civilizações ao longo dos tempos e que continuam a moldar o nosso ambiente construído atualmente. Ao integrar estes princípios em todas as fases do processo de construção - desde o projeto inicial até à execução final - pode garantir não só a qualidade do resultado final, mas também a sua relevância a longo prazo num mundo em mudança.

Estes princípios são um testemunho do engenho humano e reflectem a nossa capacidade de nos adaptarmos a novas realidades, honrando simultaneamente as lições aprendidas no passado. À medida que avançamos para o futuro, é essencial continuar a aplicar estes princípios fundamentais para construir ambientes mais sustentáveis, inclusivos e resilientes que satisfaçam as necessidades actuais e futuras das nossas sociedades.

CAPITULO
II
MONUMENTOS
DE ETERNIDAD

A Grande Pirâmide de Gizé: precisão e geometria

A Grande Pirâmide de Gizé, construída entre 2580 e 2560 a.C., é o maior dos três monumentos piramidais localizados em Gizé e é a única das Sete Maravilhas do Mundo Antigo ainda de pé. Este impressionante marco arquitetónico foi erigido para o faraó Quéops, também conhecido como Khufu, e é um testemunho da extraordinária habilidade dos antigos egípcios em matemática, astronomia e arquitetura. Originalmente, a pirâmide atingia uma altura de 146,6 metros, o que fez dela o edifício mais alto do mundo durante mais de 3800 anos, um recorde que só foi quebrado com a construção da Catedral de Ulm, na Alemanha, em 1890. A sua base ocupa mais de 13 hectares e é composta por cerca de 2,3 milhões de blocos de calcário, cada um com um peso entre 2,5 e 15 toneladas.

Figura 3
Imagem das espantosas pirâmides de Gizé

Fonte: Pinterest

Alinhamento astronómico e desenho geométrico

Um dos aspectos mais fascinantes da Grande Pirâmide é o seu alinhamento quase perfeito com as direcções cardeais. Com um desvio de apenas 0,067 graus, esta precisão sugere um profundo conhecimento de astronomia por parte dos arquitectos egípcios. Os antigos egípcios utilizavam um sistema de observação astronómica para garantir que a pirâmide estava corretamente orientada. Pensase que utilizavam ferramentas como o gnómon, uma vara que projecta sombras, e outros instrumentos rudimentares para medir a posição do sol e das estrelas. Esta abordagem demonstra não só a sua capacidade técnica, mas também a sua crença na importância da visão do mundo na arquitetura. A pirâmide não era apenas um mausoléu, mas também um símbolo da ligação entre o céu e a terra.

O desenho da pirâmide não é apenas um feito de construção; tem também um profundo significado simbólico. A forma da pirâmide representa os raios de sol, reforçando a ligação do faraó a Rá, o deus sol e uma das divindades mais importantes do panteão egípcio. A pirâmide funcionava como uma ponte entre a terra e o céu, facilitando a ascensão do faraó à vida após a morte. Esta ligação espiritual manifesta-se nos textos religiosos e funerários que adornam as paredes das câmaras interiores, onde as divindades são invocadas para proteger o rei na sua viagem para o além.

Complexo funerário e simbolismo

O complexo funerário que rodeia a pirâmide inclui templos, outras pirâmides e túmulos, todos concebidos para facilitar a transição do faraó para a vida após a morte. A importância da vida após a morte na cultura egípcia reflecte-se nos elaborados rituais funerários e na construção de túmulos ricamente decorados. A utilização de hieróglifos e relevos nas paredes das pirâmides e nas câmaras funerárias era essencial para garantir que o faraó tivesse tudo o que necessitava na sua vida após a morte. No interior da pirâmide, foram encontradas câmaras que continham tesouros, estátuas e outros objectos que se acreditava que o faraó necessitaria na vida após a morte, indicando a riqueza e o poder que possuía durante a sua vida.

O complexo funerário inclui também a famosa Esfinge de Gizé, que se crê ter sido construída durante o mesmo período e que representa a força e a sabedoria do faraó. A Esfinge, com o seu corpo de leão e cabeça humana, simboliza a proteção e a vigilância do faraó, acrescentando um outro nível de significado ao complexo.

Métodos de construção

A construção da Grande Pirâmide tem sido objeto de estudo durante séculos e os métodos utilizados para mover e colocar os enormes blocos de pedra deram origem a inúmeras teorias. Os egiptólogos propuseram que os trabalhadores utilizaram rampas e contrapesos, bem como um sistema de alavancas para facilitar o transporte das pedras das pedreiras para o local de construção. Algumas teorias sugerem que foram utilizadas rampas rectas, enquanto outras indicam que as rampas podem ter sido em espiral, permitindo um acesso mais fácil às secções mais altas da pirâmide.

Esta abordagem inovadora da engenharia é um testemunho da organização e competência da mão de obra envolvida no projeto, que se estima ter sido constituída por milhares de trabalhadores, incluindo artesãos, engenheiros e operários. Embora algumas narrativas populares sugiram que foram escravos que construíram a pirâmide, as provas arqueológicas indicam que estes operários eram, na sua maioria, camponeses que trabalhavam durante as cheias do Nilo, quando não podiam cultivar as suas terras. Os registos indicam que estes trabalhadores eram bem alimentados e recebiam cuidados médicos, o que sugere que o seu trabalho na pirâmide era considerado um serviço sagrado e honroso.

Resiliência ao longo dos anos

Ao longo dos séculos, a Grande Pirâmide resistiu a inúmeros desafios, desde catástrofes naturais a intervenções humanas. A sua construção robusta, baseada em técnicas avançadas e na utilização de materiais locais, permitiu que esta estrutura monumental sobrevivesse aos terramotos e à erosão. Apesar dos terramotos que afectaram a região, a pirâmide manteve a sua integridade estrutural graças à sua conceção anti-sísmica. A forma da pirâmide não é apenas esteticamente agradável, mas também proporciona estabilidade, distribuindo o peso uniformemente e minimizando o risco de colapso.

Durante a Idade Média, a pirâmide foi saqueada e pilhada. As pedras da pirâmide foram reutilizadas na construção de mesquitas e outros edifícios no Cairo. No entanto, apesar destes danos, a estrutura principal da pirâmide manteve-se de pé. Os esforços de restauro começaram no século XIX e, desde então, tem sido objeto de importantes estudos arqueológicos e de conservação.

No século XX, a Grande Pirâmide tornou-se um símbolo do antigo Egito e um destino turístico mundial. Em 1979, foi declarada Património Mundial da UNESCO, o que realçou a sua importância cultural e promoveu os esforços de conservação. Ao longo dos anos, foram implementadas várias técnicas de preservação para proteger a estrutura da erosão e do impacto do turismo, incluindo o controlo das condições ambientais no local.

Legado e significado

A Grande Pirâmide não é apenas um testemunho do poder e da riqueza da civilização egípcia, mas também um símbolo duradouro da capacidade humana de criar e construir. Ao longo dos séculos, tem sido um objeto de admiração e mistério, inspirando exploradores, arqueólogos e estudiosos. A sua influência estende-se para além da história antiga; tornou-se um símbolo da engenharia e da arquitetura, provando que a ambição humana pode transcender o tempo e o espaço.

A pirâmide continua a ser um importante destino turístico, atraindo milhões de visitantes todos os anos que procuram conhecer de perto esta maravilha do mundo antigo. Para além disso, a sua imagem e história foram retratadas em inúmeras obras de arte, literatura e filmes, tornando-a um ícone cultural global. A Grande Pirâmide de Gizé não é apenas um monumento, mas um legado que continua a inspirar admiração e espanto em todo o mundo.

A sua capacidade de resistir ao teste do tempo e permanecer um farol da civilização antiga é um testemunho do engenho humano e do desejo eterno de procurar a imortalidade através da criação arquitetónica. Num mundo em constante mudança, a Grande Pirâmide de Gizé continua a ser um símbolo de estabilidade, continuidade e da busca incessante da humanidade para deixar uma marca duradoura na história.

O Coliseu Romano: a revolução do arco e da abóbada

O Coliseu romano, inaugurado em 80 d.C. pelo imperador Tito, é uma das maiores realizações arquitectónicas da civilização romana e um ícone duradouro da cultura ocidental. Este impressionante anfiteatro, originalmente conhecido como Anfiteatro Flaviano, reflecte não só a grandeza de Roma, mas também a sua capacidade de criar espaços maciços e funcionais que resistiram ao teste do tempo. Com capacidade para acolher entre 50 000 e 80 000 espectadores, o Coliseu foi palco de numerosos eventos públicos, incluindo combates de gladiadores, representações teatrais e outros espectáculos que mantinham a população entretida.

Inovações arquitectónicas: Arcos e abóbadas

Uma das inovações mais notáveis do Coliseu é a utilização extensiva de arcos e abóbadas, que revolucionou a arquitetura da época. A construção do Coliseu baseou-se num sistema de arcos redondos, que distribuía o peso da estrutura de forma mais eficiente, permitindo a criação de grandes espaços interiores. Esta técnica não só proporcionava estabilidade, como também permitia um design atrativo e funcional.

Estrutura e conceção

A estrutura do Coliseu é composta por um sistema de níveis que utiliza arcos para criar corredores e lugares sentados. Cada nível é concebido com arcos que formam um sistema de suporte, permitindo que as camadas se elevem em vários níveis, garantindo que todos os espectadores tenham uma visão clara do espetáculo. A utilização de abóbadas na construção também permitiu a criação de espaços subterrâneos, conhecidos como hipogeus, que serviam de áreas de armazenamento e preparação para os eventos.

O Coliseu é um exemplo de engenho arquitetónico que combina funcionalidade e estética. A sua conceção inclui um eixo longitudinal que liga as entradas principais à zona central, facilitando a circulação de grandes multidões. Esta atenção à circulação e à acessibilidade é um testemunho do planeamento cuidadoso que caracteriza a engenharia romana.

O Coliseu dispunha também de um sistema de cobertura que podia ser utilizado para proteger o público das intempéries, o que constitui mais um testemunho da sofisticação da engenharia romana. Este telhado, conhecido como *velarium*, era operado por marinheiros que utilizavam um sistema de cordas e roldanas para estender o tecido sobre as áreas ocupadas pelo público, proporcionando assim sombra e proteção.

Para além disso, os engenheiros romanos implementaram inovações como as saídas de emergência e os sistemas de acesso rápido, demonstrando uma abordagem avançada à segurança e ao conforto do público. Com as suas 80 entradas, a conceção do Coliseu permitiu um acesso eficiente, minimizando o risco de aglomeração e garantindo uma evacuação rápida em caso de emergência. Este nível de planeamento reflecte uma preocupação genuína com a experiência do espetador, bem como com a sua segurança em eventos de massas.

Cultura e entretenimento em Roma

O Coliseu não era apenas um espaço de entretenimento, mas também um epicentro da vida pública romana, onde se realizavam eventos que uniam a comunidade em torno de espectáculos grandiosos. Os combates de gladiadores, que muitas vezes resultavam na morte dos participantes, eram uma forma de entretenimento que reflectia a brutalidade e o poder da sociedade romana. Estes espectáculos não serviam apenas para entreter, mas eram também uma forma de propaganda política, mostrando a grandeza do império e a benevolência do imperador.

Os acontecimentos no Coliseu não se limitavam aos combates de gladiadores. Havia caçadas de animais, execuções, reconstituições de batalhas navais e até representações teatrais. Esta diversidade de espectáculos reflectia a complexidade da cultura romana e o seu desejo de impressionar tanto os cidadãos como os visitantes.

A ligação entre o poder político e o espetáculo era palpável. Os imperadores utilizavam o Coliseu como um instrumento para ganhar popularidade e apoio entre a população, organizando jogos e espectáculos muitas vezes gratuitos. Esta estratégia política assegurava a participação em massa da população, dando aos cidadãos um sentimento de pertença e de orgulho.

Resiliência e conservação ao longo dos séculos

Apesar dos danos sofridos ao longo dos séculos, o Coliseu continua a ser uma poderosa recordação do engenho humano e da capacidade de criar estruturas que desafiam o tempo. Desde terramotos a pilhagens, a história do Coliseu tem sido marcada por desafios, mas a sua resistência é notável.

Catástrofes naturais

A estrutura sobreviveu a vários terramotos devastadores, incluindo os de 847 e 1231 d.C., que causaram danos significativos mas não destruíram completamente o edifício. A forma arquitetónica do Coliseu, com a sua estrutura de arcos e abóbadas, confere-lhe uma estabilidade inerente que permitiu ao edifício resistir a tensões sísmicas. As abóbadas, em particular, distribuem o peso uniformemente, o que ajuda a evitar o colapso durante os fenómenos sísmicos.

Pilhagem e reutilização de materiais

Durante a Idade Média, o Coliseu foi utilizado como habitação e oficina. Muitos dos seus materiais foram saqueados para outros edifícios em Roma, mas as secções fundamentais da estrutura permaneceram de pé. No século XVIII, o Coliseu foi consagrado como lugar sagrado, o que contribuiu para a sua preservação. A Igreja Católica, reconhecendo a sua importância histórica e cultural, proibiu a demolição do monumento.

Restaurações modernas

No século XIX, iniciaram-se os trabalhos de restauro, que incluíram a estabilização das estruturas danificadas e a limpeza da cantaria. Estes trabalhos permitiram que o Coliseu continuasse a ser uma atração para milhões de visitantes, que procuram experimentar a história viva de Roma. As intervenções foram cuidadosamente planeadas para manter a integridade do monumento, utilizando técnicas que respeitam as tradições da construção romana e os materiais originais.

Atualmente, o Coliseu é objeto de um rigoroso programa de conservação que inclui o acompanhamento do seu estado estrutural e o controlo da erosão causada pela poluição e pelo desgaste do tempo. Estas acções são essenciais para garantir que esta maravilha arquitetónica continue a ser um símbolo da civilização.

Legado e significado

O Coliseu não é apenas um símbolo da grandeza de Roma, mas também um testemunho da capacidade do homem para criar espaços que reflictam a sua cultura e os seus valores. Ao longo dos séculos, tem sido objeto de admiração e estudo, inspirando a construção de inúmeros estádios e anfiteatros em todo o mundo. A sua influência estende-se muito para além da Antiguidade e impôs-se na cultura popular, aparecendo no cinema, na literatura e como símbolo de civilização.

Hoje, o Coliseu é Património da Humanidade e está entre as Novas Sete Maravilhas do Mundo, atraindo milhões de visitantes todos os anos. A sua capacidade de resistir ao teste do tempo e permanecer um farol da civilização antiga é um testemunho do engenho humano.

O Coliseu romano, com a sua história impressionante e o seu design inovador, continua a ser um ícone da cultura ocidental e um local onde o tempo parece ter parado. Cada visita permite aos turistas e estudiosos ligarem-se a um passado glorioso, onde cada pedra conta uma história de grandeza, luta e resistência.

A Grande Muralha da China: adaptação ao terreno e resiliência

A Grande Muralha da China é um vasto sistema de fortificações que se estende por mais de 21.000 quilómetros no norte da China e é considerada uma das mais emblemáticas realizações de engenharia e arquitetura da civilização chinesa. A sua construção teve início no século VII a.C. e prolongou-se até ao século XVI, abrangendo várias dinastias, incluindo as dinastias Qin, Han e Ming. Este projeto monumental foi concebido principalmente para proteger as fronteiras do Império Chinês de invasões externas, mas também serviu como meio de comunicação e controlo do comércio, reflectindo a complexidade da história militar e cultural da China.

O muro era construído com uma variedade de materiais, incluindo terra, madeira, tijolo e pedra, consoante a disponibilidade de recursos em cada região. Nas zonas montanhosas, foram utilizados blocos de pedra cortada, enquanto nas regiões mais planas, a terra foi compactada para formar paredes sólidas. Esta abordagem adaptativa não só optimizou a utilização de materiais locais, como também permitiu que o muro se integrasse eficazmente na paisagem circundante.

Um dos aspectos mais notáveis da Grande Muralha é a sua capacidade de se adaptar ao terreno. A estrutura serpenteia através de montanhas, desertos e planícies, misturando-se na perfeição com a paisagem natural. Esta adaptação maximiza a sua resistência aos elementos e proporciona vantagens estratégicas aos defensores. Ao construir a muralha de modo a seguir as curvas e contornos do terreno, os arquitectos conseguiram minimizar os pontos fracos e maximizar a altura e a visibilidade em áreas elevadas. Nas regiões montanhosas da província de Shanxi, por exemplo, foram utilizadas técnicas que incorporavam a topografia, criando muros que se alinhavam com as cristas.

A Grande Muralha não tem apenas uma função militar; é também um símbolo da perseverança e da determinação do povo chinês. A sua construção exigiu um esforço incrível, envolvendo milhões de trabalhadores ao longo dos séculos. Muitos deles enfrentaram condições e perigos extremos, o que fez com que a muralha estivesse repleta de histórias de sacrifício e resistência. Segundo a lenda popular, alguns dos soldados que morreram durante a construção foram enterrados no seu interior, contribuindo para a sua mística e simbolizando o custo humano deste projeto monumental.

Atualmente, a Grande Muralha é um símbolo nacional e uma atração turística, que recorda aos chineses e ao mundo a riqueza da história e da cultura da China. Em 1987, foi declarada Património

Mundial da UNESCO, o que assegurou a sua preservação e apreciação contínua por turistas e estudiosos. Apesar da sua resistência, a muralha enfrenta desafios significativos, incluindo a erosão natural, o vandalismo e o impacto do turismo de massas. As autoridades chinesas implementaram estratégias de conservação que incluem o restauro das secções danificadas e a promoção de um turismo sustentável que respeite o património cultural.

A Grande Muralha deixou uma marca indelével na cultura chinesa e na perceção global do país. A sua presença na cultura popular, no cinema, na literatura e na arte contribuiu para o seu estatuto de um dos monumentos mais conhecidos do mundo. Para além de ser um símbolo da civilização chinesa, representa o engenho humano e a capacidade das civilizações para ultrapassarem desafios aparentemente intransponíveis.

Figura 4
Imagem de técnicas de construção na Grande Muralha da China

Fonte: Pinterest

Machu Picchu: engenharia de altitude e anti-sísmica

Machu Picchu, a famosa cidade inca nos Andes peruanos, é um exemplo excecional de engenharia e planeamento urbano. Construída no século XV sob o domínio do imperador inca Pachacutec, esta cidadela situa-se a 2.430 metros acima do nível do mar e é conhecida pela sua beleza deslumbrante e sofisticação arquitetónica. O seu isolamento e a beleza natural dos seus arredores tornaram-na num dos destinos turísticos mais importantes do mundo, atraindo milhões de visitantes todos os anos.

Figura 5
Imagem da vista de Machu Pichu

Fonte: Pinterest

Uma das caraterísticas mais impressionantes de Machu Picchu é o seu design resistente a terramotos. Os Incas utilizaram técnicas de construção avançadas, como o uso de blocos de pedra esculpidos para se encaixarem perfeitamente sem argamassa. Esta técnica permite que as estruturas se adaptem aos movimentos sísmicos, o que contribuiu para a preservação de muitos edifícios ao longo dos séculos. As paredes de Machu Picchu, construídas com pedras cortadas com precisão, resistiram a terramotos que teriam derrubado edifícios de outros períodos históricos.

Além disso, a disposição dos prédios em terraços proporcionava um sistema de drenagem eficiente, evitando deslizamentos de terra e erosão do solo. Esses terraços agrícolas que cercavam a cidade não só forneciam alimentos, mas também ajudavam a estabilizar o solo, demonstrando o profundo conhecimento de agricultura e ecologia que os incas possuíam. Eles cultivavam uma variedade de culturas em diferentes altitudes, garantindo a diversidade de alimentos e a sustentabilidade da comunidade.

Machu Picchu é considerado um local sagrado, ligado à cosmologia inca. A orientação de muitas das suas estruturas está alinhada com eventos astronómicos, como os solstícios, o que sugere que o local tinha um significado religioso e cerimonial. A famosa Intihuatana, uma pedra ritual, era provavelmente utilizada para cerimónias relacionadas com o sol e a agricultura. A localização estratégica da cidade, cercada por montanhas e natureza exuberante, reforça a conexão espiritual que os incas tinham com seu ambiente.

A cidade foi redescoberta em 1911 pelo explorador Hiram Bingham, que a deu a conhecer ao mundo moderno. O seu relato e as imagens que levou para a imprensa geraram grande interesse pelo local, tornando-o um símbolo da civilização inca. Desde então, Machu Picchu tem sido objeto de estudo e admiração, e o seu reconhecimento como Património Mundial da UNESCO, em 1983, assegurou a sua preservação para as gerações futuras.

A combinação da sua beleza natural, história rica e arquitetura engenhosa continua a fascinar os visitantes de todo o mundo. Machu Picchu não é apenas um testemunho do engenho humano, mas também um símbolo da cultura inca e da sua relação com a natureza. O seu legado continua vivo, lembrando-nos da importância de preservar e apreciar as nossas raízes históricas e culturais. Também inspirou um renascimento do interesse pela cultura inca e promoveu um maior respeito pelas tradições indígenas em todo o mundo.

Atualmente, Machu Picchu enfrenta desafios como o turismo de massas e as alterações climáticas, o que torna ainda mais urgente a necessidade de esforços de conservação. A influência de Machu Picchu transcende a sua beleza paisagística; representa a capacidade das civilizações para se adaptarem e prosperarem em ambientes difíceis e a sua história continua a ser um farol de inspiração para as gerações actuais e futuras.

Loyola College Nicaragua: Um farol de educação e resiliência

O Colegio Loyola de Nicaragua é um exemplo notável da arquitetura educativa e religiosa do país. Fundado em 1914 pela Companhia de Jesus, este colégio está sediado em Manágua e tem sido um pilar fundamental na formação académica e moral de gerações de estudantes nicaraguenses. A sua missão centra-se na educação integral, promovendo valores como a justiça, a solidariedade e o respeito, num ambiente que favorece o desenvolvimento pessoal e comunitário.

O projeto arquitetónico do Colégio Loyola reflecte a influência do estilo colonial, caracterizado pelo uso de arcos, pátios interiores e uma fachada imponente que evoca um sentido de tradição e solenidade. A estrutura é rodeada por jardins e espaços abertos, proporcionando áreas propícias à reflexão e à aprendizagem ao ar livre. Este ambiente natural está integrado na experiência educativa, permitindo aos alunos relacionarem-se com o meio envolvente e cultivarem um sentido de responsabilidade ambiental.

Uma das caraterísticas mais notáveis da escola é o seu enfoque na educação inclusiva e no desenvolvimento holístico dos alunos. Oferece uma vasta gama de programas académicos, desde o ensino básico ao secundário, com uma forte ênfase na formação de valores e na espiritualidade. Ao longo dos anos, tem promovido actividades extracurriculares que incentivam a liderança, a arte e o desporto, contribuindo para a formação de cidadãos empenhados na sua comunidade.

O terramoto de 1972 foi um acontecimento devastador que afectou Manágua e muitas das suas instituições. Apesar dos danos significativos na cidade, o Colégio Loyola resistiu de forma notável. A solidez da sua construção e o planeamento cuidadoso da sua estrutura ajudaram a minimizar os danos. Embora algumas secções da escola tenham necessitado de reparações, a maioria dos edifícios permaneceu de pé, permitindo que a comunidade educativa continuasse a funcionar no meio da crise. Esta resiliência deve-se em parte às técnicas de construção utilizadas na sua construção, que deram prioridade à estabilidade e à segurança.

O legado do Colégio Loyola vai para além da sua infraestrutura física. Ao longo de mais de um século, formou líderes em diversas áreas, incluindo a política, a educação, a medicina e as artes. Muitos dos seus antigos alunos desempenharam papéis importantes na sociedade nicaraguense, levando consigo os princípios de justiça e serviço que lhes são incutidos desde tenra idade.

No contexto atual, o Colégio Loyola enfrenta desafios relacionados com a modernização das suas infra-estruturas e a necessidade de se adaptar a um ambiente educativo em constante mudança. No entanto, o seu compromisso com a excelência académica e a formação de valores continua a ser a sua principal força motriz. A comunidade educativa trabalha para manter a relevância da escola num mundo globalizado, sem perder de vista as suas raízes e a sua missão original.

Atualmente, o Colégio Loyola da Nicarágua é mais do que uma instituição educativa; é um símbolo da tradição jesuíta no país e um farol de esperança para as gerações futuras. A sua história e o seu impacto na sociedade nicaraguense fazem dele um monumento vivo à educação e aos valores que têm guiado a sua comunidade ao longo dos anos. A instituição continua a ser um testemunho da importância da educação na construção de uma sociedade mais justa e equitativa, recordando a todos a necessidade de investir no futuro dos jovens e no desenvolvimento humano.

Figura 6
Imagem do Colégio Loyola

Fonte: Revista Loyola

CAPITULO
III
EL
DOMINIO
DEL
AGUA

Aquedutos romanos: a conquista da gravidade

Os aquedutos romanos representam uma das maiores realizações da engenharia antiga e um testemunho duradouro do engenho e das proezas técnicas do Império Romano (Hodge, 2002). Embora os romanos não tenham sido os inventores desta tecnologia, já presente em civilizações como os gregos e os etruscos, foram eles que a aperfeiçoaram e a elevaram a uma escala sem precedentes (Hansen, 2019). Este avanço monumental teve início em 312 a.C. com a construção da Aqua Appia, que inaugurou uma era de expansão hidráulica que transformaria radicalmente a vida urbana do império (Mays, 2010).

A genialidade destas estruturas reside na sua aparente simplicidade: a água fluía por gravidade desde as fontes elevadas até aos centros urbanos, mantendo uma inclinação suave constante de aproximadamente 0,5% a 3% (Wilson, 2008). No entanto, esta aparente simplicidade escondia um complexo trabalho de engenharia que exigia levantamentos topográficos precisos. Os engenheiros romanos utilizavam instrumentos como o chorobates (nível de água) e a groma para calcular declives e inclinações com uma precisão espantosa (Smith, 2018).

A construção de um aqueduto envolvia um sistema completo que começava com a captação de água através de barragens de desvio, açudes ou galerias de filtragem (Malissard, 2001). A água percorria principalmente o *specus*, um canal coberto construído em pedra e revestido com *opus signinum*, uma argamassa hidráulica especial que garantia a impermeabilização (Lancaster, 2010). Quando o terreno assim o exigia, eram construídas as icónicas arcadas: pontes elevadas com arcos semicirculares sobrepostos que permitiam manter a inclinação necessária ao transpor vales e depressões (Trevor, 2016).

Os romanos desenvolveram técnicas de construção sofisticadas que combinavam diferentes tipos de argamassa consoante as necessidades: *opus caementicium*, *opus quadratum* e *opus reticulatum*

(Adam, 2005). As infra-estruturas incluíam elementos cruciais como a *piscinae limariae, a spiramina* e *o putei*, bem como inovações como sifões hidráulicos para atravessar vales profundos e sistemas de portões para manutenção (Frontino e Rodgers, 2004).

Como salienta Bruun (2013), o sistema de distribuição urbana era igualmente sofisticado. A água era entregue no *castellum aquae*, de onde era distribuída através de uma rede de tubos de chumbo e cerâmica para fontes públicas e edifícios importantes. A gestão da água era estritamente regulamentada, com funcionários específicos (*curator aquarum*) encarregados do controlo e manutenção do abastecimento de água, bem como um complexo sistema de concessões e direitos de água.

O impacto dos aquedutos na sociedade romana foi revolucionário. Estes sistemas não só permitiram o crescimento de grandes cidades, como também melhoraram significativamente as condições sanitárias, proporcionando acesso a água potável (DeLaine, 2015). Entre os exemplos mais notáveis que sobreviveram até aos dias de hoje estão a Pont du Gard em França, o Aqueduto de Segóvia em Espanha, o Aqua Claudia em Itália e o Aqueduto de Valente na Turquia (Taylor, 2020).

O legado dos aquedutos romanos é indiscutível. Estas estruturas não só facilitavam a vida quotidiana, fornecendo água para consumo doméstico, irrigação e banhos públicos, como também simbolizavam o poder do Império Romano sobre a natureza (Hodge, 2002). A sua capacidade de transportar grandes volumes de água a longas distâncias utilizando apenas a gravidade é um feito impressionante que perdurou ao longo dos séculos. Os aquedutos romanos são um exemplo notável do engenho humano na Antiguidade. A sua construção não só teve uma função utilitária, como também serviu de expressão do domínio romano sobre o seu ambiente natural. Este legado perdura até aos dias de hoje, inspirando engenheiros e arquitectos modernos na sua busca de soluções inovadoras para a gestão da água e das infra-estruturas urbanas.

Cisternas de Yerebatan: armazenagem subterrânea

A Cisterna de Yerebatan (Yerebatan Sarnıcı), também conhecida como Cisterna da Basílica, é uma magnífica obra de arquitetura que foi construída durante o reinado do Imperador Justiniano I no século VI d.C. Esta estrutura não só representa o culminar do engenho bizantino no armazenamento e distribuição de água, como também é um símbolo do esplendor da antiga Constantinopla e das proezas técnicas dos seus engenheiros (Mango, 2015). Localizada no coração da cidade, esta impressionante cisterna subterrânea é um extraordinário testemunho da engenharia hidráulica bizantina e da continuação do legado romano na gestão da água, destacando-se pelo seu design inovador e funcionalidade (Crow et al., 2008).

Com dimensões monumentais que atingem 140 metros de comprimento e 70 metros de largura, a Cisterna de Yerebatan tem uma capacidade de cerca de 100.000 metros cúbicos de água, o que a torna numa das maiores cisternas subterrâneas do mundo (Bardill, 2017). Esta imponente estrutura encontra-se a 9 metros abaixo do nível do solo e é suportada por um total de 336 colunas, dispostas em 12 filas com 28 colunas cada. Cada coluna tem 9 metros de altura e é encimada por abóbadas de tijolo, enquanto as paredes que rodeiam a cisterna têm uns impressionantes 4 metros de espessura e foram impermeabilizadas com uma argamassa hidráulica especial para garantir a sua funcionalidade ao longo do tempo (Çeçen, 2014).

As colunas que suportam esta magnífica estrutura são particularmente notáveis. Como observa Ward-Perkins (2012), são na sua maioria provenientes de templos antigos e exibem uma variedade de ordens arquitectónicas, sendo as mais predominantes a coríntia e a jónica. Cada coluna tem bases e capitéis finamente esculpidos que reflectem a mestria dos pedreiros bizantinos. O sistema de impermeabilização é outro aspeto crucial do projeto; de acordo com os estudos de Lancaster (2018), este inclui paredes revestidas com argamassa hidráulica, um pavimento de tijolo e um elaborado sistema de juntas elásticas concebido para evitar fugas.

O sistema hidráulico que alimenta a cisterna está ligado ao famoso Aqueduto do Valente, o que permite um abastecimento constante de água. Além disso, possui sofisticados mecanismos de filtragem e controlo de sedimentos, garantindo assim a qualidade da água armazenada (Crow, 2012). A cisterna tinha múltiplas funções vitais: não só armazenava água para períodos prolongados de seca, como também abastecia o Palácio Grande e zonas adjacentes. Em tempos de conflito ou cerco, servia como um reservatório estratégico crucial para garantir o abastecimento de água à população (Dark e Harris, 2008).

Um aspeto particularmente notável do funcionamento da cisterna é o seu sistema de funcionamento, documentado por Westbrook (2019). Este sistema incluía processos de captação tanto da água do aqueduto principal como da água da chuva. Além disso, foi implementado um rigoroso programa de manutenção, incluindo a limpeza regular dos sedimentos e o controlo constante da qualidade da água armazenada. A água era distribuída através de uma complexa rede de tubagens que alimentava fontes públicas e edifícios importantes em toda a cidade de Constantinopla.

Entre os elementos artísticos mais proeminentes dentro da cisterna estão as famosas bases das colunas da Medusa. Segundo Bassett (2015), estas bases não só tinham uma função estrutural, como também serviam de símbolos apotropaicos, destinados a proteger o espaço sagrado. A decoração arquitetónica inclui capitéis finamente esculpidos e relevos nas colunas, bem como numerosas marcas deixadas por pedreiros e símbolos que mostram a colaboração entre diferentes oficinas de construção.

O estado atual da Cisterna de Yerebatan é excelente, graças a numerosas intervenções de restauro que tiveram lugar ao longo do tempo. Estas restaurações foram efectuadas com uma abordagem cuidadosa para respeitar a integridade histórica do monumento (Ahunbay, 2016). Os restauros modernos incluíram não só a limpeza e a consolidação das estruturas existentes, mas também o reforço de elementos deteriorados e adaptações para facilitar o acesso do público. Esta abordagem permitiu manter um equilíbrio entre a preservação histórica e a funcionalidade turística.

Em suma, a Cisterna da Basílica não é apenas um exemplo notável do engenho arquitetónico bizantino, mas também um local cultural e histórico que atrai milhões de visitantes todos os anos devido à sua beleza única e à sua história fascinante. A sua importância transcende o meramente funcional; tornou-se um símbolo duradouro do engenho humano e uma representação tangível do esplendor cultural e histórico que caracterizou Constantinopla durante o seu apogeu.

Sistemas hidráulicos de Petra e Machu Picchu

O domínio da água tem sido um pilar fundamental no desenvolvimento das civilizações ao longo da história, e dois exemplos notáveis desse domínio são os sistemas hidráulicos de Petra, na Jordânia, e de Machu Picchu, no Peru. Ambas as culturas, apesar das suas diferenças geográficas e temporais, desenvolveram técnicas engenhosas para gerir a água, garantindo assim a sustentabilidade das suas comunidades.

Petra, conhecida como a "cidade rosa" devido à cor das suas rochas, é famosa não só pela sua impressionante arquitetura em pedra, mas também pelo seu avançado sistema hidráulico. Os nabateus, que habitavam esta região, enfrentaram o desafio de um ambiente árido e seco. Para sobreviver, desenvolveram um sofisticado sistema de recolha e armazenamento de água que incluía canais, cisternas e reservatórios. Os nabateus construíram canais que desviavam a água da chuva para cisternas subterrâneas, permitindo a recolha da água escassa. Estes canais foram concebidos para aproveitar ao máximo cada gota de chuva, utilizando técnicas que minimizavam a evaporação e maximizavam a infiltração da água no solo. Além disso, as cisternas foram revestidas com argamassa impermeável para evitar infiltrações e fugas.

Um aspeto notável do sistema hidráulico de Petra é a sua capacidade de gerir a água da chuva num terreno montanhoso. Os engenheiros nabateus conceberam estruturas que permitiam desviar a água para áreas cultiváveis, criando um oásis no meio do deserto. Esta gestão eficiente da água foi crucial para o desenvolvimento agrícola e a prosperidade económica de Petra.

Machu Picchu, por outro lado, apresenta um exemplo igualmente impressionante de engenharia hidráulica. Os Incas desenvolveram sistemas complexos de aquedutos e canais para recolher e distribuir água nesta cidadela icónica (Top Alpaka Travel, n.d.). Os aquedutos, construídos com pedras esculpidas com precisão, captavam a água de fontes próximas e a direcionavam para terraços agrícolas e fontes estrategicamente distribuídas pelo complexo. O planeamento hidráulico em Machu Picchu foi meticuloso. Os incas projetaram fontes de água cuidadosamente posicionadas que canalizavam o líquido vital através de canais para áreas específicas. Isto não só garantia o acesso à água potável, mas também criava ambientes relaxantes como os banhos termais (Top Alpaka Travel, n.d.). Para além disso, o seu eficiente sistema de drenagem evitava a acumulação de água nas estruturas, protegendo-as de potenciais danos (iAgua, n.d.).

A integração do sistema hidráulico com a topografia natural é outro aspeto notável. Os Incas adaptaram a sua arquitetura para se harmonizar com o meio envolvente, minimizando o impacto ambiental e respeitando os ciclos naturais da água (iAgua, n.d.). Esta abordagem reflecte não só um conhecimento avançado da gestão da água, mas também uma profunda ligação espiritual com a natureza.

Os estudos de Wright e Valencia (n.d.) destacam que os sistemas hidráulicos incas incluíam componentes complexos, como valas abertas que seguiam as curvas de nível para conduzir a água para lagos de cotovelo, onde era filtrada antes de emergir como puquios meses depois. Esta conceção engenhosa assegurava um abastecimento constante durante os períodos de seca, permitindo uma agricultura sustentável.

Tanto Petra como Machu Picchu são exemplos notáveis do engenho humano no domínio da água. Através dos seus sistemas hidráulicos inovadores, estas civilizações não só conseguiram sobreviver em ambientes difíceis, como também floresceram culturalmente. A gestão eficaz da água foi fundamental para o seu desenvolvimento económico e social, deixando um legado duradouro que continua a inspirar as gerações actuais na procura de soluções sustentáveis de gestão da água.

Antigos canais e portos

As civilizações antigas manifestaram-se de forma notável através da construção de canais e portos, que desempenharam um papel crucial no desenvolvimento económico, social e militar destas sociedades. Estes sistemas não só facilitavam o transporte de mercadorias, como também garantiam o acesso a recursos hídricos vitais, que por sua vez favoreciam a agricultura e o comércio.

Os canais navegáveis têm sido utilizados desde a antiguidade para ligar rios, lagos e oceanos, permitindo o transporte eficiente de bens e pessoas. Um dos primeiros exemplos é o sistema de canais artificiais criado pelos antigos egípcios, que facilitou a navegação e o comércio no Nilo. Estes canais foram essenciais para a agricultura, uma vez que permitiram a irrigação de terras em zonas áridas e contribuíram para o desenvolvimento de uma economia agrícola próspera. A capacidade de controlar a água do Nilo foi fundamental para a civilização egípcia, permitindo colheitas abundantes que sustentavam uma população crescente.

Durante a época romana, a construção de canais atingiu um novo nível de sofisticação. Os engenheiros romanos projectaram extensos sistemas de canais que não só ligavam diferentes massas de água, como também facilitavam a navegação interna em cidades como Roma. Estes canais eram cruciais para o comércio e o transporte militar, permitindo a deslocação eficiente de tropas e abastecimentos por todo o império. A rede de canais romanos não só melhorou a logística do império, como também promoveu a integração cultural, facilitando o intercâmbio entre diferentes regiões (Wikipedia, n.d.).

Um dos exemplos mais proeminentes é o Canal de Corinto, que liga o Mar Jónico ao Mar Egeu. Este canal foi uma obra monumental que reduziu significativamente a distância de navegação para os navios que transitavam entre estes dois mares. A sua abertura permitiu um acesso mais rápido às rotas comerciais do Mediterrâneo, dinamizando assim a economia regional e reforçando as ligações comerciais entre diferentes culturas.

Os portos da Antiguidade foram fundamentais para o comércio marítimo e a expansão cultural. Desde os primeiros abrigos construídos pelos fenícios até aos elaborados portos das cidades gregas e romanas, estes espaços eram vitais para o intercâmbio comercial e a projeção do poder naval. Um exemplo notável é o porto de Wadi al-Jarf, no Egito, que data de cerca de 2500 a.C.. Este porto artificial facilitava o comércio marítimo e estava estrategicamente localizado perto de Mênfis, o que o tornava um ponto-chave para as rotas comerciais do Egito antigo (Wikipédia, n.d.). Os fenícios também desempenharam um papel crucial no desenvolvimento dos portos, construindo instalações em cidades como Sidon e Tiro durante o século XIII a.C., que se tornaram importantes centros comerciais no Mediterrâneo (Prosertek, n.d.).

Na Grécia, o porto do Pireu destacou-se como uma base naval essencial durante a era clássica. Este porto não só servia de ponto de partida para expedições militares, como também era um centro comercial vibrante que ligava Atenas a outras regiões do mundo antigo. A importância estratégica do Pireu era tal que se tornou um dos principais portos do Mediterrâneo, facilitando tanto o comércio como a projeção militar grega (Wikipédia, n.d.). A construção do dique Heptastadion em Alexandria durante o século III a.C. foi outro marco significativo; este dique separava duas partes do porto e albergava o famoso Farol de Alexandria, uma maravilha arquitetónica e um dos faróis mais antigos do mundo (Wikipédia, s.d.).

A evolução dos portos continuou ao longo do tempo, adaptando-se às novas necessidades do comércio marítimo. As técnicas de construção utilizadas incluíam rochas locais e materiais duráveis que garantiam a resistência às condições climatéricas adversas. Com o advento de novas tecnologias e métodos de construção durante as Idades Média e Moderna, os portos foram transformados em complexos multimodais que integravam várias formas de transporte e logística (Prosertek, n.d.). Esta adaptação não só melhorou a eficiência do comércio marítimo, como também permitiu que as cidades portuárias prosperassem como centros económicos.

Estas infra-estruturas não só facilitaram o comércio e a comunicação entre as civilizações, como também desempenharam um papel fundamental no desenvolvimento económico e militar. O legado destes sistemas hidráulicos sobrevive até aos dias de hoje, recordando-nos a importância da água como recurso vital para a sobrevivência e prosperidade humanas.

Técnicas de irrigação e de controlo das inundações

O desenvolvimento de técnicas de irrigação e controlo de cheias foi fundamental para o progresso das civilizações antigas, permitindo a transformação de territórios áridos em terras aráveis e a gestão eficaz das cheias dos rios, lançando as bases para o desenvolvimento agrícola e urbano (Hassan, 2011). Os mesopotâmicos desenvolveram um dos primeiros sistemas de irrigação complexos, utilizando canais que se estendiam a partir dos rios Tigre e Eufrates. O sistema de shaduf, uma estrutura de contrapeso para elevar a água, permitiu a irrigação de terrenos elevados e tornou-se uma tecnologia fundamental que posteriormente se espalhou por todo o Médio Oriente (Wilkinson, 2013).

No antigo Egito, o sistema de bacias tirava partido das cheias anuais do Nilo. Os agricultores construíam diques e canais para reter a água e os sedimentos férteis durante as cheias, criando um sistema de irrigação natural que permitia até três colheitas por ano (Butzer, 2019). Os romanos aperfeiçoaram estas técnicas através de aquedutos para transportar água a longas distâncias, sistemas de distribuição com comportas ajustáveis, canais secundários e terciários e técnicas avançadas de nivelamento de terras (Wilson, 2018).

As civilizações desenvolveram vários métodos para controlar as inundações, incluindo estruturas de retenção como diques, aterros, paredes de inundação e canais de desvio. Os sistemas de drenagem incorporavam canais de drenagem, bacias de retenção, comportas e túneis de desvio (Jansen, 2017). As inovações técnicas nos sistemas de irrigação incluíam métodos de elevação de água, tais como rodas de água, parafusos de Arquimedes, bombas de corrente e sistemas de balancins. A distribuição era efectuada por meio de canais revestidos, aquedutos elevados, sifões invertidos e tubos de terracota (Shaw, 2020).

A administração destes sistemas exigia uma organização social complexa, incluindo o planeamento através de levantamentos topográficos, cálculos de caudal, conceção de infra-estruturas e programação da manutenção. A regulamentação abrangia os direitos à água, os calendários de irrigação, a manutenção colectiva e a resolução de conflitos (Scarborough, 2016). Diferentes culturas desenvolveram técnicas adaptadas às suas condições locais: na China, destacavam-se os terraços de arroz, os sistemas de polder e os canais de desvio, enquanto na América pré-colombiana se destacavam as chinampas astecas, os camellones andinos e os terraços incas (Park, 2014).

Os sistemas de irrigação e de controlo das cheias tiveram efeitos ambientais e sociais profundos. A nível ambiental, conduziram à modificação da paisagem, à alteração dos ecossistemas, a mudanças nos padrões de sedimentação e ao controlo da erosão. A nível social, impulsionaram o desenvolvimento urbano, a especialização da mão de obra, a criação de estruturas administrativas e de sistemas jurídicos específicos (Miller, 2020).

A gestão da água nas sociedades antigas demonstra uma surpreendente sofisticação tecnológica e organizacional. As técnicas desenvolvidas não só permitiram a estas civilizações sobreviver e prosperar, como também lançaram as bases de muitos sistemas modernos de gestão da água. O legado destas inovações continua a influenciar as práticas actuais de irrigação e controlo de cheias, adaptando-se a novos desafios e tecnologias.

Gestão da água em diferentes civilizações

A gestão da água tem sido um elemento crucial no desenvolvimento das civilizações antigas, determinando a sua prosperidade e sobrevivência ao longo da história. Diferentes culturas desenvolveram sistemas únicos e sofisticados de desenvolvimento, armazenamento e distribuição de água, adaptados às suas condições geográficas e necessidades específicas (Mithen, 2012).

Na Mesopotâmia, considerada o berço da civilização, a gestão da água centrava-se no aproveitamento dos rios Tigre e Eufrates. Os sumérios e os babilónios desenvolveram sistemas complexos de canais e diques para controlar as cheias sazonais e encaminhar a água para os campos agrícolas. O Código de Hamurabi, um dos mais antigos códigos legais conhecidos, incluía regulamentos específicos sobre a gestão da água, sublinhando a sua importância social e económica (Mays, 2010).

O Egito antigo baseava a sua prosperidade na gestão do Nilo e das suas cheias anuais. Os egípcios desenvolveram um sofisticado sistema de nilómetros para medir e prever as cheias do rio, bem como uma rede de canais e diques para aproveitar a água e os sedimentos férteis. Este sistema não só facilitava a agricultura, como também determinava a tributação e a organização social do império (Hassan, 2014).

A civilização romana levou a engenharia hidráulica a novos patamares com a construção de aquedutos monumentais, banhos termais e sistemas de distribuição urbana. Os romanos utilizaram tecnologias avançadas, como os tubos de chumbo, as válvulas de controlo e os sistemas de filtragem. O seu sistema administrativo incluía funcionários específicos (curator aquarum) encarregados de supervisionar as infra-estruturas hidráulicas e de regulamentar a sua utilização (Hodge, 2013).

Nas Américas, os Maias desenvolveram sistemas inovadores de recolha e armazenamento de água em regiões onde não existiam rios permanentes. Construíram reservatórios artificiais (aguadas), sistemas de recolha de águas pluviais e canais subterrâneos. Os astecas criaram chinampas, ilhas artificiais altamente produtivas em lagos pouco profundos, e desenvolveram sistemas de diques para controlar os níveis de água na cidade de Tenochtitlan (Lucero & Fash, 2019).

A civilização chinesa implementou técnicas sofisticadas de controlo de cheias e sistemas de irrigação, incluindo o Grande Canal, a mais extensa obra hidráulica do mundo antigo. O desenvolvimento do sistema de irrigação de Dujiangyan no século III a.C. transformou a bacia do rio Min numa das regiões agrícolas mais produtivas da China, continuando a funcionar até aos dias de hoje (Needham & Wang, 2015).

Na Índia antiga, a gestão da água incorporava elementos religiosos e culturais, a par de soluções técnicas avançadas. Sistemas de poços em degraus (baolis), tanques de armazenamento e canais de distribuição foram integrados no planeamento urbano e religioso. O tratado Arthashastra incluía orientações pormenorizadas sobre a gestão da água e a sua importância para a governação (Shaw, 2018).

As civilizações árabes desenvolveram sistemas inovadores para gerir a água em ambientes áridos, incluindo qanats (canais subterrâneos) e sistemas sofisticados de distribuição urbana. Os engenheiros árabes medievais aperfeiçoaram os dispositivos mecânicos de elevação da água e escreveram importantes tratados sobre hidráulica (Al-Hassan & Hill, 2016).

Os Incas da América do Sul construíram sistemas complexos de terraços agrícolas e canais de irrigação em terrenos montanhosos, demonstrando um profundo conhecimento de hidráulica e engenharia. Os seus sistemas de distribuição de água incluíam fontes cerimoniais e sistemas de drenagem que ainda hoje são admirados pela sua precisão técnica (Ortloff, 2017).

Soluções hidráulicas duradouras

Muitas das soluções hidráulicas desenvolvidas pelas civilizações antigas continuam a funcionar ou a influenciar os sistemas modernos de gestão da água, demonstrando a sofisticação e a durabilidade destes projectos antigos. Estas estruturas não só resistiram ao teste do tempo, como também oferecem lições valiosas para enfrentar os actuais desafios da gestão da água (Smith, 2019).

O sistema de irrigação de Dujiangyan, na China, construído em 256 a.C., ainda está operacional e fornece água a mais de 50 milhões de pessoas na província de Sichuan. A sua conceção, que combina o controlo das cheias com a distribuição da água de irrigação, utiliza princípios hidráulicos que ainda são relevantes na engenharia moderna. O sistema não requer barragens permanentes e tira partido da topografia natural para dividir e regular o fluxo de água, minimizando a manutenção necessária (Wang, 2020).

Os qanats do Médio Oriente, túneis subterrâneos que transportam a água por gravidade dos aquíferos para a superfície, ainda estão em funcionamento em países como o Irão, Omã e Afeganistão. Estes sistemas, que datam de há mais de 2000 anos, fornecem água potável e de irrigação sem necessidade de bombagem mecânica, representando uma solução sustentável para as regiões áridas. São concebidos para minimizar a evaporação e manter a qualidade da água, elementos cruciais no contexto das actuais alterações climáticas (Wilson, 2018).

Os terraços agrícolas incas nos Andes peruanos continuam a ser utilizados pelas comunidades locais. A sua conceção incorpora sistemas de drenagem e de controlo da erosão que têm evitado deslizamentos de terras durante séculos. Os princípios de construção utilizados nestes socalcos estão atualmente a ser estudados para desenvolver soluções sustentáveis para a agricultura de montanha e a conservação dos solos (Ortloff, 2021).

Os tanques de água tradicionais na Índia, conhecidos como kunds ou baolis, ainda são relevantes para a gestão da água nas zonas rurais. Estes sistemas de recolha e armazenamento de água da chuva inspiraram projectos modernos de recolha de água e recarga de aquíferos. A sua conceção permite a filtragem natural e a manutenção da qualidade da água, aspectos que são incorporados nos sistemas contemporâneos de gestão da água (Kumar, 2017).

Os aquedutos romanos, embora em grande parte fora de uso para o seu objetivo original, influenciaram significativamente a conceção dos modernos sistemas de distribuição de água. Os princípios hidráulicos utilizados na sua construção, como o uso da gravidade e o controlo da pressão, continuam a ser fundamentais para a engenharia hidráulica atual. Alguns aquedutos, como o de Segóvia, em Espanha, mantiveram a sua função até ao século XX (Mays, 2020).

As chinampas aztecas inspiraram sistemas modernos de agricultura urbana e de gestão sustentável da água. Este método agrícola, que combina a gestão da água com a produção agrícola intensiva, oferece soluções para a agricultura urbana sustentável e para a gestão das zonas húmidas. Projectos contemporâneos no México e noutros países estão a adaptar estes princípios para desenvolver sistemas agrícolas resilientes (Martinez, 2016).

Os sistemas de controlo de inundações desenvolvidos nos Países Baixos ao longo dos séculos continuam a evoluir e a adaptar-se a novos desafios. Os princípios básicos de gestão da água estabelecidos durante o período medieval ainda são relevantes, embora tenham sido modernizados com a tecnologia atual. O conceito de "viver com a água" em vez de lutar contra ela influenciou as estratégias modernas de adaptação às alterações climáticas (Van der Veer, 2019).

A importância destas soluções históricas para a água reside não só na sua funcionalidade contínua, mas também nos princípios sustentáveis que incorporam. Numa era de crescente stress hídrico e alterações climáticas, estas tecnologias tradicionais oferecem lições valiosas sobre adaptabilidade, sustentabilidade e resiliência na gestão da água.

CAPITULO IV
LECCIONES DEL PASADO VISIÓN DEL FUTURO

Análise da durabilidade de estruturas antigas

Estruturas antigas, como a Grande Pirâmide de Gizé e o Coliseu Romano, resistiram ao longo dos séculos, desafiando não só os elementos mas também a intervenção humana. Este fenómeno não é apenas um testemunho da habilidade dos seus construtores, mas também da escolha cuidadosa dos materiais e das técnicas de construção.

A Grande Pirâmide, construída há mais de 4.500 anos, é um exemplo paradigmático. O seu desenho geométrico e a qualidade dos materiais utilizados - calcário e granito - permitiram que esta obra monumental sobrevivesse durante milénios. A escolha destes materiais não foi acidental; a sua resistência à erosão e a sua capacidade de suportar cargas maciças são caraterísticas que os antigos egípcios compreenderam e exploraram. A pirâmide está precisamente alinhada com os pontos cardeais, o que também reflecte um profundo conhecimento astronómico e geográfico.

Uma análise detalhada destas estruturas revela princípios fundamentais de durabilidade: a utilização de geometrias estáveis, a escolha de materiais locais e a compreensão do ambiente. Por exemplo, o Coliseu romano não foi apenas concebido para ser um espaço monumental para espectáculos públicos, mas a sua estrutura elíptica e a utilização do arco permitiram uma distribuição eficiente das cargas, o que contribuiu para a sua longevidade. A combinação de betão, pedra travertino e tijolo na sua construção proporciona uma resistência excecional. Estas lições são cruciais para os engenheiros modernos que procuram criar edifícios que não sejam apenas funcionais, mas que também resistam ao teste do tempo.

Figura 7

Imagem de estruturas antigas no presente

Nota: Recurso adaptado por ideograma

Técnicas de construção sustentáveis do passado

As civilizações antigas implementaram técnicas sustentáveis que são relevantes atualmente. Os romanos conceberam os seus edifícios com sistemas de recolha de águas pluviais e técnicas de ventilação natural que minimizavam a necessidade de aquecimento e arrefecimento artificiais. Esta abordagem não só era eficiente do ponto de vista energético, como também reflectia um profundo respeito pelo ambiente.

A arquitetura vernacular de várias culturas mostra uma utilização engenhosa dos recursos locais. Nas regiões áridas, as casas eram construídas com paredes espessas para manter as temperaturas frescas no verão e quentes no inverno. Este tipo de conceção pode ser observado nas casas tradicionais do sudoeste americano, onde o adobe foi utilizado para regular a temperatura interior. A reutilização de materiais e a conceção adaptativa são práticas que podem ser redescobertas e aplicadas na construção moderna para reduzir a pegada ecológica.

Um exemplo notável é a utilização do adobe em muitas culturas indígenas. Este material natural não só é abundante e fácil de trabalhar, como também tem excelentes propriedades térmicas. Os edifícios feitos de adobe regulam naturalmente a temperatura interior, reduzindo a dependência de sistemas mecânicos de aquecimento ou arrefecimento.

Figura 8
Imagem da construção sustentável ligada à atualidade

Nota: Recurso adaptado por ideograma

Métodos de restauro e conservação

O restauro e a preservação de monumentos históricos requerem uma abordagem meticulosa que respeite tanto a estética como a integridade estrutural. O restauro do Coliseu Romano é um caso emblemático em que foram utilizadas técnicas modernas para estabilizar a estrutura sem comprometer a sua autenticidade. Isto inclui a utilização de materiais compatíveis que imitam as propriedades originais sem alterar o carácter histórico do monumento.

Para além disso, os métodos tradicionais são fundamentais neste processo. Em muitas culturas, têm sido utilizadas técnicas antigas para reparar paredes de pedra, assegurando que as intervenções são invisíveis a olho nu e mantendo o valor cultural do edifício. Por exemplo, na Europa, muitas catedrais góticas foram restauradas utilizando técnicas medievais para garantir que as reparações são consistentes com as estruturas originais.

A preservação não é apenas uma questão de restauro; é também uma questão de adaptação destes espaços a novas funções sem perder a sua essência histórica. Um exemplo contemporâneo é a utilização adaptativa de antigas fábricas em espaços culturais ou residenciais, onde a estrutura original é preservada, incorporando elementos modernos.

Figura 9

Preservação e restauro de imagens

Nota: Recurso adaptado por ideograma

Aplicação de princípios antigos na engenharia moderna

Os princípios arquitectónicos utilizados pelos engenheiros antigos podem oferecer soluções inovadoras para os desafios contemporâneos. A utilização do arco e da abóbada nos edifícios romanos não só proporcionava uma resistência estrutural excecional, como também permitia a criação de espaços amplos e cheios de luz. Estes conceitos podem ser adaptados para conceber edifícios modernos mais eficientes em termos de espaço e de recursos.

Além disso, os princípios de conceção bioclimática utilizados pelas civilizações antigas - como a orientação adequada para maximizar a luz solar ou minimizar o vento - são agora mais relevantes do que nunca num contexto em que a sustentabilidade é uma prioridade global. A integração destes princípios na conceção contemporânea pode resultar em edifícios mais resistentes e menos dependentes de fontes de energia externas.

Por exemplo, as casas tradicionais japonesas utilizam telhados inclinados para gerir a precipitação e evitar a acumulação indesejada de neve ou água. Este tipo de conceção pode ser fundamental atualmente, tendo em conta as alterações climáticas causadas pelo aquecimento global.

Desafios contemporâneos e soluções históricas

Os desafios actuais da engenharia civil incluem as alterações climáticas, a expansão urbana e a escassez de recursos naturais. As soluções históricas oferecem uma rica fonte de inspiração para a resolução destes problemas. Por exemplo, os aquedutos romanos não eram apenas engenhosos na sua conceção; eram também os primeiros exemplos de gestão eficiente da água, o que é crucial num mundo em que este recurso é cada vez mais escasso.

As técnicas utilizadas por civilizações como os Incas para gerir os seus sistemas hidráulicos podem ser adaptadas para responder aos desafios actuais relacionados com a água. A implementação de sistemas sustentáveis baseados nestes princípios históricos pode contribuir significativamente para uma gestão ambiental mais eficaz.

Um caso contemporâneo é o sistema tradicional andino conhecido como "andenes", em que são criados terraços agrícolas para permitir um melhor controlo da água e uma maior produtividade agrícola em terrenos montanhosos. Estas práticas podem ser fundamentais para enfrentar desafios como a desertificação ou as secas prolongadas.

O futuro da construção resiliente

O futuro do sector da construção dependerá, em grande medida, da nossa capacidade de fundir as lições do passado com as inovações tecnológicas contemporâneas. A resistência às catástrofes naturais deve ser uma prioridade fundamental na conceção da arquitetura moderna. Isto significa não só a utilização de materiais duráveis e técnicas testadas pelo tempo, mas também o desenvolvimento de infra-estruturas capazes de se adaptarem a condições climáticas variáveis.

A incorporação de uma conceção modular e flexível pode permitir que os edifícios respondam melhor a fenómenos extremos, como terramotos ou inundações. Além disso, a promoção de uma cultura de construção que valorize tanto a inovação como o respeito pelas tradições pode resultar em soluções mais eficazes e sustentáveis.

Uma abordagem promissora é a utilização crescente de tecnologias digitais, como a modelação 3D e a impressão 3D, para criar estruturas personalizadas que respondam a necessidades específicas, optimizando simultaneamente os recursos. Estas tecnologias podem facilitar uma conceção mais eficiente e inclusiva, permitindo uma maior participação da comunidade nos processos de construção.

Lições para a nova geração de engenheiros

É essencial que as novas gerações de engenheiros compreendam e apreciem o legado deixado pelos seus antecessores. O ensino da engenharia civil deve integrar o estudo de técnicas antigas e de tecnologias modernas. A promoção de uma mentalidade crítica no sentido de aprender com o passado permitirá aos futuros engenheiros desenvolver soluções inovadoras que sejam simultaneamente eficazes e sustentáveis.

A incorporação de estudos interdisciplinares - incluindo história, ecologia e sociologia - enriquecerá a sua educação e permitir-lhes-á abordar problemas complexos a partir de múltiplos ângulos. Deste modo, estarão mais bem preparados para enfrentar os desafios do futuro, respeitando as lições aprendidas ao longo do tempo.

É igualmente importante promover uma ética profissional centrada na responsabilidade social e ambiental. Os engenheiros devem estar conscientes do impacto que as suas decisões têm nas comunidades locais e nos ecossistemas. Isto implica não só a conceção de edifícios seguros e funcionais, mas também a consideração da forma como estes interagem com o seu contexto social e ambiental.

REFERENCIAS

Adam, J. P. (2016). Construção romana: Materiais e técnicas (4ª ed.). Routledge.

Agencia Andina (2018). A sabedoria que emana de Machu Picchu: um estudo revela a engenharia sísmica-resistente dos Incas.https://portal.andina.pe/edpespeciales/2018/machupicchu/index.html

Ahunbay, Z. (2016). Conservação da Istambul bizantina - *Journal of Architectural Conservation*, 22(1), 4-20.

Ciências Arqueológicas e Antropológicas,*12*(4),1-15. História da Gestão,* 28*(3),156-178

Alder, K. (2019). *Engenharia da revolução: armas e iluminação na França, 1763-1815*. Princeton University Press.

Altman, N. (2018). *Água sagrada: a fonte espiritual da vida*. Tradições interiores.

Bardill, J. (2017). *Os monumentos da antiga Constantinopla*. Cambridge University Press.

Bassett, S. (2015). A imagem urbana da Constantinopla da antiguidade tardia. Cambridge University Press.

Beckmann, J. (2021). *Uma história de invenções, descobertas e origens* (W. Johnston, Trans.). Cambridge University Press.

Browne, M. W. (2017). *Técnicas de construção antigas: das pirâmides às catedrais*. Oxford University Press.

Çeçen, K. (2014). A mais longa linha de abastecimento de água romana. Academia Turca de Ciências.

Cemex Ventures(n.a.) Materiais de construção sustentáveis.https://www.cemexventures.com/es/materiales-construccion-sostenib

Edificável(n.a.) Construção sustentável.https://www.construible.es/construccion-sostenible

Cerlalc(n.d.) Olhar o passado, pensar e intervir no presente,... planear o futuro: Parte 1.https://cerlalc.org/mirar-el-pasado-pensar-e-intervenir-el-presente-planificar-el-futuro-parte-1/

Crow, J., Bardill, J., & Bayliss, R. (2008). O abastecimento de água da Constantinopla bizantina. Sociedade para a Promoção dos Estudos Romanos.

Crow, J. (2012). Água e Constantinopla da antiguidade tardia. Em L. Grig & G. Kelly (Eds.), *Two Romes: Rome and Constantinople in late antiquity* (pp. 116-135). Oxford University Press.

Cool Culture.(2024, 22 de outubro) Coliseu Romano: história, caraterísticas e factos divertidos.https://www.culturagenial.com/es/coliseo-romano/

Dark, K., & Harris, A. (2008). O último romano: a Grã-Bretanha e a herança romana. Tempus.

Davidson, R. (2021). Revolução da idade da pedra: A transformação das técnicas de construção. *Revista de História da Construção*, 18(2), 45-62.

DeLaine, J. (2021). Os banhos de Caracalla: Um estudo sobre a conceção, construção e economia de projectos de construção em grande escala na Roma imperial.* Journal of Roman Archaeology*.

Downey, G. (2020). *Construção e arquitetura egípcia antiga* (2ª ed.). Dover Publications.

Economia Sustentável.(2024,outubro 22) O segredo da resistência da Grande Muralha da China à erosão foi revelado. https://economiasustentable.com/noticias/revelaron-el-secreto-de-la-resistencia-contra-la-erosion-de-la-gran-muralla-china/

El Tiempo.(2024,outubro 22) Como foram feitas as pirâmides do Egito? É o que diz a inteligência artificial.https://www.eltiempo.com/cultura/gente/como-se-hicieron-las-piramides-de-egito-esto-dice-la-inteligencia-artificial-3391603

Evans, R. M. (2018). *Os engenheiros antigos: Tecnologia e invenção desde os tempos mais antigos até ao Renascimento*. MIT Press.

Fagan, B. M. (2021). *As primeiras civilizações: Antiga Mesopotâmia e início do Egito* (3ª ed.). Thames & Hudson.

Faster Capital(n.d.) A Grande Muralha da China como um sistema de defesa.https://fastercapital.com/es/tema/la-gran-muralla-china-como-sistema-de-defensa.htm

Fagan, B. M. (2021). *As primeiras civilizações: Antiga Mesopotâmia e início do Egito* (3ª ed.). Thames & Hudson.

García,J.(2016). Capítulo 4: Lições do passado para o futuro. in [Título do livro ou documento, se disponível]. Academia.edu.https://www.academia.edu /31970516 /Chapter_4_Lessons_from_the_Past_for_the_Future.

García-Martínez, A. (2022). Da madeira à pedra: Transformações arquitectónicas na Antiguidade.* Revista de Historia de la Construcción,* 15(4), 78-95.

Guerrero Ortiz,L.(2019,November11) Visão do futuro e compreensão do passado.Instituto Educacción.https://institutoeducaccion.org/vision-de-futuro-y-comprension-del-pasado/

Hodge, A.T.(2002) * Roman aqueducts & water supply * Bristol Classical Press.

Hodge, A.T.(2017).* Roman aqueducts & water supply* (2ª ed.). Bristol Classical Press.

INUE.(2024,outubro 22) Arquitetura Histórica: Coliseu Romano.https://inue.edu.mx/blog/arquitetura-histrica-coliseo-romano

Infobae.(2023,1 de setembro) Engenharia sísmica dos Incas: relação entre arquitetura e risco geológico no Peru. https://www.infobae.com/peru/2023/09/01/la-ingenieria-sismica-de-los-incas-conexion-entre-la-arquitetura-y-el-riesgo-geologico-en-el-peru/

Johnson,M., & Lee,S.(2020).* Materiais de construção antigos e suas aplicações.* Archaeological Studies Quarterly,* 28(1), 23-41.

Kostof,S.(2023).* A history of architecture: Settings and rituals* (4ª ed.). Oxford University Press.

Lancaster,L.C.(2021).* Concrete vaulted construction in Imperial Rome: Innovations in context.* Cambridge University Press.

Lendering,J.(2021).* Cities of ancient Mesopotamia.* Routledge.

Lucero,L.J., & Fash,B.W.(2019).* Água e ritual: A ascensão e queda dos governantes maias clássicos.* University of Texas Press.

Malissard,A.(2001).* Os Romanos e a Água: A Cultura da Água na Roma Antiga.* Herder.

Matthewson,C.(2019).* Historic bridges: Evaluation, preservation, and management.* McGraw-Hill Education.

Mays,L.W.(2010).* Tecnologias antigas da água.* Springer.

Mithen,S.(2012).* Thirst: Water and power in the ancient world.* Harvard University Press.

Moropoulou,A., Karoglou,M., & Delegou,E.T.(2020).* Tecnologias e materiais de construção antigos.* Ciências Arqueológicas e Antropológicas,*12*(4),1-15.

National Geographic.(2022, 24 de maio) The Pyramids of Giza: Clues to Construction and Myths. https://www.nationalgeographic.es/historia/piramides-guiza-claves-construccion-mitos

National Geographic.(2024, 22 de outubro) Estudo revela o segredo da resistência do betão romano. https://historia.nationalgeographic.com.es/a/un-estudio-revela-el-secreto-de-la-resistencia-del-hormigon-romano_18951

National Geographic.(2024, 22 de outubro) A Grande Muralha da China: o maior feito de engenharia do mundo. https://historia.nationalgeographic.com.es/a/gran-muralla-china-mayor-obra-ingenieria-mundo_8272

Needham,J., & Wang,L.(2015).* Science and civilisations in China: Volume 4 ,Physics and physical technology ,Part 3,Civil engineering and nautics.* Cambridge University Press}

Nuttgens,P.(2021).* The story of architecture: From antiquity to the present* (3ª ed.). Phaidon Press

Pagès,J., & Santisteban,A.(2009). Aprender o passado, compreender o presente e construir o futuro: lições de uma investigação sobre a história ensinada.XII Jornadas Interescuelas / Departamentos de Historia.Facultad de Humanidades y Centro Regional Universitario Bariloche.Universidad Nacional del Comahue. https://cdsa.aacademica.org/000-008/843.pdf

Park,C.(2014).* Técnicas de irrigação tradicionais em diferentes culturas.* Moropoulou,A., Karoglou,M., & Delegou,E.T.(2020).* Tecnologias e materiais de construção antigos.

Proyecpro(n.d.) Construção sustentável na América Latina.https://proyecpro.com/construccion-sostenible-en-latinoamerica/

Quilosa(2020,setembro17) Técnicas de construção sustentável.https://quilosa.com/eficiencia-energetica/tecnicas-construccion-sostenible/

Ritti,T., Grewe,K., & Kessener,P.(2017) Um relevo de uma serração de pedra movida a água num sarcófago em Hierápolis e suas implicações.* Journal of Roman Archaeology,*20(1),138-163.

Roberts,C., & Chen,L.(2023).* Implicações sociais da evolução dos materiais de construção

Scarborough,V.L .(2016) The flow of power: Ancient water systems and landscapes.SAR Press.

Shaw,B.D .(2020) Bringing in the sheaves: Economy and metaphor in ancient Rome.University of Toronto Press.

Smith,J.R .(2019) Enduring solutions: Historical water systems in modern context.Water Engineering and Management,*28*(4),112-126.

Smith,M.E .(2019) Cities: The first 6,000 years.Viking Press

Trevor,H.(2016).* Engineering in the ancient world.* University of California Press.

Taylor,R .(2020) Roman builders: A study in architectural process.Cambridge University Press.

Tickets Rome(n.d.) History of the Colosseum in Rome (Flavian amphitheatre).https://www.tickets-rome.com

Thompson,J .(2018) Greek and Roman civil engineering.Thames & Hudson

Vitruvius,P .(2019) Os dez livros de arquitetura (M.H.Morgan ,Trans.).Dover Publications

Coleccionamos postais.(2024,outubro 22) Curiosidades sobre as Pirâmides de Gizé: 15 factos surpreendentes.https://wecollectpostcards.com/curiosidades-piramides-de-giza/

Westbrook,N.(2019). A arquitetura do grande palácio de Constantinopla. Em P.Magdalino & N.Ergin (Eds.), Constantinopla: Arqueologia de uma megápolis bizantina (pp. 201-242). Oxbow Books.

Wilson,A .(2008) Hydraulic engineering and water supply, em J.P.Oleson (Ed.), Oxford handbook of engineering and technology in the classical world (pp285-318), Oxford University Press

Wilson,A .(2018) Hydraulic engineering and water supply.In The Oxford handbook of engineering and technology in the classical world(pp285-318).Oxford University Press

Wilson,A .(2019) Engineering and technology in the classical world.Oxford University Press.

Wilkinson,T.J .(2013) Archaeological landscapes of the Near East.University of Arizona Press.

Wikipedia(n.d.) Canal de navegação.https://es.wikipedia.org/wiki/Canal_de_navegaci%C3%B3n

Wikipedia(n.d.) Puerto.https://es.wikipedia.org/wiki/Puerto

Zhang,Y., Wu,X., & Li,H.(2023) Limitations and advantages of traditional building materials.International Journal of Construction History,*40*(2),123-140

Printed by Books on Demand GmbH, Norderstedt / Germany